T/CAGHP 030—2018

目　次

前言 ⋯⋯ Ⅲ
引言 ⋯⋯ Ⅴ
1　范围 ⋯⋯⋯⋯⋯⋯⋯⋯⋯⋯⋯⋯⋯⋯⋯⋯⋯⋯⋯⋯⋯⋯⋯⋯⋯⋯⋯⋯⋯⋯⋯⋯⋯⋯⋯⋯⋯⋯ 1
2　规范性引用文件 ⋯⋯⋯⋯⋯⋯⋯⋯⋯⋯⋯⋯⋯⋯⋯⋯⋯⋯⋯⋯⋯⋯⋯⋯⋯⋯⋯⋯⋯⋯⋯⋯⋯ 1
3　术语和定义 ⋯⋯⋯⋯⋯⋯⋯⋯⋯⋯⋯⋯⋯⋯⋯⋯⋯⋯⋯⋯⋯⋯⋯⋯⋯⋯⋯⋯⋯⋯⋯⋯⋯⋯⋯ 1
4　总则 ⋯⋯⋯⋯⋯⋯⋯⋯⋯⋯⋯⋯⋯⋯⋯⋯⋯⋯⋯⋯⋯⋯⋯⋯⋯⋯⋯⋯⋯⋯⋯⋯⋯⋯⋯⋯⋯⋯ 2
　　4.1　应急调查目的 ⋯⋯⋯⋯⋯⋯⋯⋯⋯⋯⋯⋯⋯⋯⋯⋯⋯⋯⋯⋯⋯⋯⋯⋯⋯⋯⋯⋯⋯⋯⋯ 2
　　4.2　基本要求 ⋯⋯⋯⋯⋯⋯⋯⋯⋯⋯⋯⋯⋯⋯⋯⋯⋯⋯⋯⋯⋯⋯⋯⋯⋯⋯⋯⋯⋯⋯⋯⋯⋯ 3
　　4.3　应急调查内容 ⋯⋯⋯⋯⋯⋯⋯⋯⋯⋯⋯⋯⋯⋯⋯⋯⋯⋯⋯⋯⋯⋯⋯⋯⋯⋯⋯⋯⋯⋯⋯ 3
5　应急调查工作组织 ⋯⋯⋯⋯⋯⋯⋯⋯⋯⋯⋯⋯⋯⋯⋯⋯⋯⋯⋯⋯⋯⋯⋯⋯⋯⋯⋯⋯⋯⋯⋯⋯ 3
　　5.1　组织管理 ⋯⋯⋯⋯⋯⋯⋯⋯⋯⋯⋯⋯⋯⋯⋯⋯⋯⋯⋯⋯⋯⋯⋯⋯⋯⋯⋯⋯⋯⋯⋯⋯⋯ 3
　　5.2　组织程序 ⋯⋯⋯⋯⋯⋯⋯⋯⋯⋯⋯⋯⋯⋯⋯⋯⋯⋯⋯⋯⋯⋯⋯⋯⋯⋯⋯⋯⋯⋯⋯⋯⋯ 4
　　5.3　工作程序 ⋯⋯⋯⋯⋯⋯⋯⋯⋯⋯⋯⋯⋯⋯⋯⋯⋯⋯⋯⋯⋯⋯⋯⋯⋯⋯⋯⋯⋯⋯⋯⋯⋯ 4
　　5.4　工作职责 ⋯⋯⋯⋯⋯⋯⋯⋯⋯⋯⋯⋯⋯⋯⋯⋯⋯⋯⋯⋯⋯⋯⋯⋯⋯⋯⋯⋯⋯⋯⋯⋯⋯ 4
6　应急调查工作方法与技术要求 ⋯⋯⋯⋯⋯⋯⋯⋯⋯⋯⋯⋯⋯⋯⋯⋯⋯⋯⋯⋯⋯⋯⋯⋯⋯⋯⋯ 5
　　6.1　总体工作方法 ⋯⋯⋯⋯⋯⋯⋯⋯⋯⋯⋯⋯⋯⋯⋯⋯⋯⋯⋯⋯⋯⋯⋯⋯⋯⋯⋯⋯⋯⋯⋯ 5
　　6.2　资料收集 ⋯⋯⋯⋯⋯⋯⋯⋯⋯⋯⋯⋯⋯⋯⋯⋯⋯⋯⋯⋯⋯⋯⋯⋯⋯⋯⋯⋯⋯⋯⋯⋯⋯ 5
　　6.3　工程地质测量 ⋯⋯⋯⋯⋯⋯⋯⋯⋯⋯⋯⋯⋯⋯⋯⋯⋯⋯⋯⋯⋯⋯⋯⋯⋯⋯⋯⋯⋯⋯⋯ 5
　　6.4　应急勘查 ⋯⋯⋯⋯⋯⋯⋯⋯⋯⋯⋯⋯⋯⋯⋯⋯⋯⋯⋯⋯⋯⋯⋯⋯⋯⋯⋯⋯⋯⋯⋯⋯⋯ 5
7　灾（险）情调查评估 ⋯⋯⋯⋯⋯⋯⋯⋯⋯⋯⋯⋯⋯⋯⋯⋯⋯⋯⋯⋯⋯⋯⋯⋯⋯⋯⋯⋯⋯⋯⋯ 6
　　7.1　灾（险）情分级 ⋯⋯⋯⋯⋯⋯⋯⋯⋯⋯⋯⋯⋯⋯⋯⋯⋯⋯⋯⋯⋯⋯⋯⋯⋯⋯⋯⋯⋯⋯ 6
　　7.2　调查内容 ⋯⋯⋯⋯⋯⋯⋯⋯⋯⋯⋯⋯⋯⋯⋯⋯⋯⋯⋯⋯⋯⋯⋯⋯⋯⋯⋯⋯⋯⋯⋯⋯⋯ 7
　　7.3　评估方法 ⋯⋯⋯⋯⋯⋯⋯⋯⋯⋯⋯⋯⋯⋯⋯⋯⋯⋯⋯⋯⋯⋯⋯⋯⋯⋯⋯⋯⋯⋯⋯⋯⋯ 7
　　7.4　险情评价方法 ⋯⋯⋯⋯⋯⋯⋯⋯⋯⋯⋯⋯⋯⋯⋯⋯⋯⋯⋯⋯⋯⋯⋯⋯⋯⋯⋯⋯⋯⋯⋯ 8
8　滑坡应急调查 ⋯⋯⋯⋯⋯⋯⋯⋯⋯⋯⋯⋯⋯⋯⋯⋯⋯⋯⋯⋯⋯⋯⋯⋯⋯⋯⋯⋯⋯⋯⋯⋯⋯⋯ 8
　　8.1　应急调查内容 ⋯⋯⋯⋯⋯⋯⋯⋯⋯⋯⋯⋯⋯⋯⋯⋯⋯⋯⋯⋯⋯⋯⋯⋯⋯⋯⋯⋯⋯⋯⋯ 8
　　8.2　滑坡应急调查方法与技术要求 ⋯⋯⋯⋯⋯⋯⋯⋯⋯⋯⋯⋯⋯⋯⋯⋯⋯⋯⋯⋯⋯⋯⋯⋯ 9
9　崩塌（危岩）应急调查 ⋯⋯⋯⋯⋯⋯⋯⋯⋯⋯⋯⋯⋯⋯⋯⋯⋯⋯⋯⋯⋯⋯⋯⋯⋯⋯⋯⋯⋯⋯ 10
　　9.1　应急调查内容 ⋯⋯⋯⋯⋯⋯⋯⋯⋯⋯⋯⋯⋯⋯⋯⋯⋯⋯⋯⋯⋯⋯⋯⋯⋯⋯⋯⋯⋯⋯⋯ 10
　　9.2　崩塌应急调查方法与技术要求 ⋯⋯⋯⋯⋯⋯⋯⋯⋯⋯⋯⋯⋯⋯⋯⋯⋯⋯⋯⋯⋯⋯⋯⋯ 11
10　泥石流灾害应急调查 ⋯⋯⋯⋯⋯⋯⋯⋯⋯⋯⋯⋯⋯⋯⋯⋯⋯⋯⋯⋯⋯⋯⋯⋯⋯⋯⋯⋯⋯⋯ 12
　　10.1　泥石流灾害应急调查内容 ⋯⋯⋯⋯⋯⋯⋯⋯⋯⋯⋯⋯⋯⋯⋯⋯⋯⋯⋯⋯⋯⋯⋯⋯⋯ 12
　　10.2　泥石流应急调查方法与技术要求 ⋯⋯⋯⋯⋯⋯⋯⋯⋯⋯⋯⋯⋯⋯⋯⋯⋯⋯⋯⋯⋯⋯ 14
11　地面塌陷应急调查 ⋯⋯⋯⋯⋯⋯⋯⋯⋯⋯⋯⋯⋯⋯⋯⋯⋯⋯⋯⋯⋯⋯⋯⋯⋯⋯⋯⋯⋯⋯⋯ 14
　　11.1　成因与类型确定 ⋯⋯⋯⋯⋯⋯⋯⋯⋯⋯⋯⋯⋯⋯⋯⋯⋯⋯⋯⋯⋯⋯⋯⋯⋯⋯⋯⋯⋯ 14

Ⅰ

11.2 应急调查内容 ……………………………………………………………………………………… 14
11.3 应急调查方法与技术要求 ……………………………………………………………………… 16
12 应急处置与防治建议 ………………………………………………………………………………… 17
　12.1 地质灾害应急预案编制 ………………………………………………………………………… 17
　12.2 应急处置 ………………………………………………………………………………………… 17
　12.3 应急处置建议 …………………………………………………………………………………… 17
13 应急调查成果编制 …………………………………………………………………………………… 17
　13.1 基本要求 ………………………………………………………………………………………… 17
　13.2 应急调查报告编制 ……………………………………………………………………………… 17
　13.3 附图附件编制 …………………………………………………………………………………… 18
　13.4 资料归档 ………………………………………………………………………………………… 18
附录 A（资料性附录） 地质灾害分类表 …………………………………………………………… 19
附录 B（资料性附录） 地质灾害判别表 …………………………………………………………… 23
附录 C（规范性附录） 突发地质灾害应急调查基本情况表 ……………………………………… 26
附录 D（资料性附录） 突发地质灾害应急调查日报表 …………………………………………… 27
附录 E（资料性附录） 突发地质灾害应急调查简报提纲 ………………………………………… 28
附录 F（资料性附录） 突发地质灾害应急调查报告提纲 ………………………………………… 29

前　言

本标准按照 GB/T 1.1—2009《标准化工作导则　第 1 部分：标准的结构和编写》给出的规则起草。

本标准附录 A、B、D、E、F 为资料性附录，附录 C 为规范性附录。

本标准由中国地质灾害防治工程行业协会提出并归口。

本标准起草单位：中国地质调查局成都地质调查中心、河北省地质环境监测总站、湖北省地质灾害防治中心、四川省煤田一三五勘察设计有限公司、四川省地质矿产勘查开发局 915 队、湖北省地质环境总站、陕西省地质环境监测总站。

本标准主要起草人：郑万模、江鸿彬、马百衡、腾宏泉、刘民生、曹克文、倪化勇、巴仁基、葛华、高延超、刘宇杰、徐伟。

本标准由中国地质灾害防治工程行业协会负责解释。

引　言

突发地质灾害具有较强的隐蔽性和不可预见性,其危害性大,破坏性强。近年来,受地震、强降雨等因素影响,我国突发地质灾害时有发生,并造成了严重的人员伤亡和财产损失,社会影响深远。应急调查是对突发地质灾害应急响应和防治的关键环节。针对突发地质灾害开展应急调查对最大限度保障人民群众的生命和财产安全具有重要意义。

为规范和指导崩塌、滑坡、泥石流、地面塌陷等突发地质灾害应急调查工作的高效有序开展,增强应急调查的实效性,制定本标准。希望能够为突发地质灾害应急调查工作的开展提供技术标准支撑。

本标准共分十三部分,包括范围、规范性引用文件、术语和定义、总则、应急调查工作组织、应急调查工作方法与技术要求、灾(险)情调查评估、滑坡应急调查、崩塌(危岩)应急调查、泥石流应急调查、地面塌陷应急调查、应急处置和成果编制。

突发地质灾害应急调查技术指南(试行)

1 范围

本标准规定了突发地质灾害应急调查的目的任务、工作组织、工作内容、工作方法和技术要求等。

本标准适用于突发地质灾害应急调查。

2 规范性引用文件

下列文件对于本标准的应用是必不可少的。凡是注日期的引用文件,仅所注日期的版本适用于本标准。凡是不注日期的引用文件,其最新版本(包括所有的修改单)适用于本标准。

GB 32864—2016 滑坡防治工程勘查规范
GB 14498—1993 工程地质术语
DZ/T 0238—2004 地质灾害分类分级
DZ/T 0218—2006 滑坡防治工程勘查规范
DZ/T 0220—2006 泥石流灾害防治工程勘查规范
DZ/T 0221—2006 崩塌、滑坡、泥石流监测规范
DZ/T 0261—2014 滑坡崩塌泥石流灾害调查规范(1∶50 000)
DZ/T 0284—2014 地质灾害排查规范
DZ/T 0269—2014 地质灾害灾情统计

3 术语和定义

下列术语和定义适用于本标准。

3.1
突发地质灾害 abrupt geo-hazard

突然发生的由自然因素或人类工程活动诱发的,危害人民生命和财产安全的崩塌、滑坡、泥石流、地面塌陷等与地质作用有关的灾害。

3.2
地质灾害应急响应 geo-hazard emergency response

各级应急组织根据突发地质灾害灾(险)情实际情况,按照应急预案采取各种有效处置措施,为避免灾害的进一步发生、降低灾害影响所进行的一系列决策、组织指挥和应急处置行动。

3.3
地质灾害应急调查 geo-hazard emergency survey

各级应急组织针对突发性地质灾害灾(险)情而采取的紧急获取其相关信息的过程。

3.4

地质灾害应急监测 geo-hazard emergency monitoring

指在地质灾害灾（险）情发现或发生时的应急状态下，对影响灾害体变形、发展及破坏的各因素进行测定，并将信息进行传感、采集、传输、处理的相关活动，是有效避免各种损失和伤亡的一种应急措施。

3.5

地质灾害应急评估 geo-hazard emergency assessment

指根据地质灾害应急调查和监测情况，对灾（险）情基本特征、成因及发展破坏趋势等进行评价和分析的过程。

3.6

地质灾害应急处置 geo-hazard emergency treatment

指为应对突发地质灾害灾（险）情所采取的紧急调查和防灾减灾等行动，是整个应急响应工作的中心环节和主要技术工作阶段，一般可分为险情应急处置和灾情应急处置两类。

3.7

地质灾害应急调查报告 geo-hazard emergency survey report

指地质灾害应急调查结束后，以书面形式向应急指挥组织和相关领导汇报调查情况的一种文书。一般包括地质灾害灾（险）情基本特征、成因、变化趋势、危险性评估、防治对策建议及应急处置措施等内容。

3.8

地质灾害应急预案 geo-hazard management contingency plan

对各种突发性地质灾害进行抢险、救援、转移等的紧急防治方案。

3.9

变形斜坡体 unstable slope

具备发生滑坡、崩塌和坡面泥石流等地质灾害的地质环境条件或已经有变形迹象的斜坡。

3.10

地质灾害灾情 Disaster degree on geo-hazard

指因地质灾害造成的损失情况，包括人员伤亡、经济损失和生态环境破坏程度等。

3.11

地质灾害险情 Potential damage on geological hazard

指可能因地质灾害造成的危害情况，包括威胁人数、威胁对象及潜在经济损失等。

3.12

地质灾害危险区 risk zone for geo-hazard

指可能因地质灾害对人民生命、财产安全构成危害的区域。

3.13

地质灾害危险区划 zoning on geo-hazard risk

根据一定的区划原则，划定地质灾害危险区。

4 总则

4.1 应急调查目的

4.1.1 针对出现临灾前兆的地质灾害隐患点或突发的地质灾害进行成因和灾情调查，判断、评估其发展趋势和险情。
4.1.2 划定地质灾害危险区，提出应急处置建议，为突发地质灾害防治和生命财产安全保障提供基础资料。

4.2 基本要求

4.2.1 地质灾害应急调查总体原则为快速响应、规范调查、以人为本、信息速报、结论客观、建议可行。
4.2.2 地质灾害应急调查应在充分收集、利用已有资料的基础上进行，并加强应急调查技术单位与地质灾害应急抢险救灾指挥机构和地方政府之间的有效沟通与协作。
4.2.3 地质灾害应急调查对象为突发的或可能发生崩塌、滑坡、泥石流和地面塌陷等，并造成危害或威胁的地质灾害或隐患点，可根据实际情况增加其他类型地质灾害。
4.2.4 地质灾害应急调查信息应速报并严格遵守《国家突发地质灾害应急预案》和《地质灾害防治条例》（国务院令第394号）等相关要求，按程序及时向地质灾害抢险救灾指挥机构等部门报告，应急调查人员不得随意散发未经审查的信息。
4.2.5 地质灾害应急调查应加强对次生地质灾害的认识和评估，尤其应评估高速远程滑坡、碎屑流及堰塞坝溃决等灾害链发生的可能性。
4.2.6 涉密资料（地质图、地形图和校准后的影像图等）需经脱密处理或签署保密协议后提交相关技术部门或管理部门使用，并按脱密规定进行保管使用和销毁。

4.3 应急调查内容

4.3.1 应急调查内容包括地质灾害和危害对象的应急调查。
4.3.2 调查范围应包括地质灾害变形区及影响区（变形可能发展的区域和灾害发展可能危害的区域），可根据灾害体及其环境条件，适当扩大调查范围。
4.3.3 对地质灾害发生地点准确定位（行政区地点、地理坐标），调查地质灾害发生的时间或地质灾害隐患点变形加剧出现时间等。
4.3.4 收集、调查地质灾害所在地的地形地貌、气象水文、地层岩性、地质构造、人类工程活动等区域地质环境条件，分析突发地质灾害触发因素和机理。
4.3.5 调查地质灾害（隐患点）的类型、性质、几何形态与空间范围、地质灾害体体积和规模等。
4.3.6 调查、统计地质灾害的灾情，包括危害对象、危害范围和造成的损失，进行灾情评估。
4.3.7 调查地质灾害（隐患点）变形特征，对其稳定性进行评价，研判其发展趋势和可能影响范围，进行地质灾害危险区划。
4.3.8 调查地质灾害（隐患点）威胁对象情况（威胁人口、威胁财产），进行地质灾害险情评估。
4.3.9 提出地质灾害（隐患点）应急处置建议和防治措施，协助地方政府建立地质灾害防灾预案，明确撤离路线，划定安全区域。
4.3.10 应急调查技术单位应及时提交地质灾害应急调查简报、日报和应急调查成果报告。应急调查结束后应及时提交调查简报［当应急调查或应急工作需要在多个工作日完成时宜提交突发地质灾害调查应急日报（附录D）］。

5 应急调查工作组织

5.1 组织管理

5.1.1 突发地质灾害应急调查的组织管理以"政府领导、部门主管、属地组织、专业支持、分级响应、分区管理"为原则。
5.1.2 专业技术应急单位应接受地质灾害抢险救灾指挥机构的领导和统一管理。

5.2 组织程序

5.2.1 专业技术支持单位、专家组根据委托（派），及时开展突发地质灾害应急调查及指导工作。
5.2.2 会同地方政府和主管部门参与组织应急处置,提供技术支持（根据现场调查及时核报续报信息,提出应急处置建议,形成应急调查成果）。
5.2.3 技术单位应向地质灾害抢险救灾指挥机构或主管部门通报应急调查结论与建议,提交审定的最终应急调查成果。

5.3 工作程序

5.3.1 应急技术单位接受委托（派）后,及时收集突发地质灾害区地形、地质、气象、地质灾害危险性分区等背景资料。
5.3.2 开展现场应急调查,进行灾（险）评估,并提出应急处置建议,及时提交日报、简报和应急调查成果报告。

5.4 工作职责

5.4.1 应急调查

5.4.1.1 应急技术单位根据委托（派）后,应及时派出技术过硬、经验丰富的应急调查人员。
5.4.1.2 对突发地质灾害应开展灾害的基本特征和灾情等调查,调查内容主要包括地质灾害发生时间、地点、类型、规模、特征、灾情等。
5.4.2 对出现险情的突发地质灾害隐患开展变形特征和险情调查,调查内容主要包括险情出现的时间、地点、类型、规模、特征及威胁对象等。
5.4.2.1 对还存在安全隐患的突发灾害或出现险情的地质灾害隐患点应进行现状和发展趋势分析,划定易发区和危险区范围,确定威胁对象,提出应急处置建议,协助地方政府完善应急预案,设置危险区警示标志,确定预警信号和撤离路线。
5.4.2.2 及时提交日报、简报和最终成果报告。

5.4.3 信息速报

5.4.3.1 应急调查技术单位（队伍）应与所在区域国土部门建立突发地质灾害信息速报机制。
5.4.3.2 在突发地质灾害应急信息速报体系的基础上,建立完善、畅通的信息通讯网络。
5.4.3.3 按照国家突发地质灾害应急预案中规定的地质灾害速报制度开展信息速报工作。
5.4.3.4 突发地质灾害速报的内容主要包括地质灾害险情或灾情出现的地点和时间、地质灾害类型、灾害体的规模、可能的引发因素和发展趋势等。对已发生的地质灾害,速报内容还要包括伤亡和失踪的人数以及造成的直接经济损失。

5.4.4 应急值守

5.4.4.1 应急调查技术单位应建立突发地质灾害应急响应预案。
5.4.4.2 应急调查技术单位（队伍）应与所在区域国土部门建立突发地质灾害应急值守体系与沟通联系机制,及时提供突发地质灾害调查、监测信息。

5.4.4.3 应急调查技术单位应根据应急需求安排值守人员和监测人员等,配备必要的应急监测和值守工作设施。

6 应急调查工作方法与技术要求

6.1 总体工作方法

6.1.1 地质灾害应急调查应以为应急决策提供技术资料支撑为目的,调查的内容主要为成灾背景、规模、危害(威胁)、稳定性、发展趋势、危险区范围和应急处置建议等基础资料。

6.1.2 地质灾害应急调查工作主要以资料收集和地面调查相结合的方法开展。

6.1.3 工作方法应在确保安全的前提下,尽量采用能快速获取应急所需信息的方法,如无人机、机载雷达、三维激光扫描、测量机器人等调查和监测技术。

6.1.4 针对突发地质灾害,宜采用无人机航拍快速查明地质灾害发生概况和成灾情况。

6.2 资料收集

6.2.1 收集地质灾害形成条件与诱发因素资料,包括:气象、水文、地形地貌、地层与构造、地震、水文地质、工程地质和人类工程经济活动等。

6.2.2 收集有关社会、经济资料,包括:人口与经济现状、发展等基本数据,城镇、水利水电、交通、矿山、耕地等工农业建设工程分布状况和国民经济建设规划、生态环境建设规划,各类自然、人文资源及其开发状况与规划等。

6.2.3 收集各级政府和有关部门制定的地质灾害防治法规和规划、地质灾害防灾预案、地质灾害信息系统及数据库等相关减灾防灾资料。

6.2.4 收集地方同类或类似地质灾害调查、勘查、工程治理设计报告以及地质灾害发生时的应急预案及处理措施或方法。

6.3 工程地质测量

6.3.1 滑坡、崩塌宜根据规模采用1∶500~1∶2 000地形图作为手图,泥石流宜采用1∶50 000或更高精度地形图作为应急调查工作手图。在没有相应比例尺地形图时,可采用同精度的遥感或航测影像作为应急调查手图。

6.3.2 开展突发地质灾害调查过程中对重点部位可用手持测距仪草测平、剖面图,必要时附素描图。

6.3.3 调查并按附录C填写突发地质灾害应急调查基本情况表,其他内容可采用记录(表)本记录。

6.3.4 对存在较大安全隐患、规模较大,且人员实地调查困难的地质灾害(隐患点),宜采用无人机航拍获取地质灾害隐患点的地形地貌(DEM)、分布、规模、危害等特征,辅以必要的地面验证和调查。

6.3.5 对深切峡谷区的突发滑坡和崩塌等地质灾害,当通视条件较好、观测距离在1 km左右时,宜采用三维激光扫描仪获取地质灾害体及其周边地质环境高精度三维地理、地质信息数据,为地质灾害发生条件研究、发展趋势判断和综合防治提供依据。对灾害体建议采用高等密度进行扫描,周边环境可采用中等密度进行扫描。

6.4 应急勘查

6.4.1 应急勘查主要是在前期应急调查的基础上获取地质灾害体的地质结构、变形特征、岩土结构参数等,为地质灾害(隐患点)稳定性和发展趋势评价提供地质基础,为地质灾害(隐患点)的应急治理提供地质依据。

6.4.2 应急勘查工作布置应遵循以查清地质灾害体地质条件为原则,除根据国家现行相关规范进行布置外,也可根据突发地质灾害点的实际情况进行调整。重点勘探应针对拟设工程位置,在灾害体内及其影响范围内应以地质调查测绘及辅助勘探工作为主。

6.4.3 应急勘查方法通常以简易的山地工程为主,以揭示拟设工程位置处的覆盖层、变形裂缝特征等;当覆盖层较厚时应布置适量的钻探工作及物探工作。

6.4.4 勘查成果报告内容由现场影像资料、现场勘探地质编录、物探成果报告、原位测试记录表、室内试验成果报告、勘查文字报告及勘查图件(平面图、剖面图、地质柱状图等)组成。

7 灾(险)情调查评估

7.1 灾(险)情分级

7.1.1 地质灾害灾(险)情统计应坚持实事求是、及时、准确、全面、客观地反映灾区的地质灾害信息,确保统计数据的时效性、可靠性、规范性和权威性。

7.1.2 根据地质灾害造成人员伤亡、经济损失的大小,地质灾害灾情分为特大型、大型、中型和小型四个等级。

7.1.3 按照表1对地质灾害灾情进行分级。

表1 地质灾害灾情分级

分级	灾情	
	死亡人数/人	直接经济损失/万元
小型	<3	<100
中型	≥3～<10	≥100～<500
大型	≥10～<30	≥500～<1 000
特大型	≥30	≥1 000
注:当死亡人数和直接经济损失不在一个等级时,按照就高原则进行分级。		

7.1.4 根据地质灾害(隐患点)威胁人数和潜在经济损失,将地质灾害险情分为特大型、大型、中型和小型四个等级。

7.1.5 按照表2对地质灾害险情进行分级。

表2 地质灾害险情分级

分级	灾情	
	受威胁人数/人	潜在经济损失/万元
小型	<100	<500
中型	≥100～<500	≥500～<5 000
大型	≥500～<1 000	≥5 000～<10 000
特大型	≥1 000	≥10 000
注:当受威胁人数和潜在经济损失不在一个等级时,按照就高原则进行分级。		

7.2 调查内容

7.2.1 地质灾害灾情调查内容

7.2.1.1 按DZ/T 0269—2014《地质灾害灾情统计》要求对地质灾害灾情进行调查和统计。

7.2.1.2 调查内容主要包括：受灾人口、死亡人口、受伤人口、倒塌房屋数量、损坏房屋数量、损毁耕地面积、损坏公路长度、损坏铁路里程、家庭财产直接经济损失、农业经济损失、教育设施直接经济损失、交通运输设施直接经济损失和其他直接经济损失等。

7.2.2 地质灾害险情调查内容

7.2.2.1 按照7.2.1.1的要求进行险情调查和统计。

7.2.2.2 调查内容主要包括：受威胁的人口、房屋数量、耕地面积、公路长度、铁路里程、家庭财产、农业财产、教育设施及财产、交通运输设施及财产和其他直接威胁财产等。

7.3 评估方法

7.3.1 灾情评估方法

7.3.1.1 受灾体成本价值确定以现场调查获取的当前灾情信息并向当地政府和受灾群众核实受损的情况为主，辅以以往地质灾害调查、排查工作资料，确定受灾价值。必要时，采用最近遥感影像解译成果，调查其他直接威胁财产，即因地质灾害可能造成破坏的水利、电力、通信、旅游和卫生等其他行业的财产情况。

7.3.1.2 受灾体受损程度及价值损失率，按照表3取值。

表3 受灾体损毁等级及损失率取值表

损毁等级	描述	损失率/%	损失率实际取值/%
基本完好	不影响继续使用	≤10	10
损坏	丧失部分功能，可以修复	>10~≤50	50
毁坏	丧失大部或全部功能，无法修复或已无修复价值	>50~≤100	100

7.3.1.3 以受灾成本价值为基数，根据其灾损程度或修复成本，计算受灾体价值的损失情况。

7.3.1.4 对受损较大、不易修复的受灾体的价值损失的，计算模型为：受灾体价值损失＝受灾体成本价值×受灾体价值损失率。

7.3.1.5 对受损较小、修复后基本恢复灾前的性状和功能的，计算模型为：受灾体价值损失＝受灾体修复成本。

7.3.1.6 灾情评价方法。针对已经发生且造成损失的单点地质灾害，分别按照实际破坏情况，逐一确定损毁程度和价值损失率。可按式(1)核算灾害经济损失：

$$S = \sum_{i=1}^{n} J_i J_{sj} + X_i \quad \cdots\cdots\cdots\cdots\cdots\cdots\cdots\cdots\cdots\cdots (1)$$

式中：

S——灾害事件经济损失(元)；

J_i——某个受灾体的灾前价值(元)；

J_{sj}——该受灾体因灾价值损失率(%);
X_i——某个受灾体修复成本(元)。

7.3.2 险情评价方法

7.3.2.1 针对已经出现的险情,调查其他直接威胁财产进行险情评价。

7.3.2.2 分析灾害活动频率以及不同频率下的地质灾害的可能危害范围和危害强度,可按式(2)进行险情评估:

$$S_q = \sum_{i=1}^{n} \sum_{j=1}^{n} G_{ij} \cdot J_{sij} \cdot J_i \cdot L_{ij} \quad \cdots\cdots\cdots\cdots\cdots\cdots\cdots (2)$$

式中:
S_q——灾害事件期望损失(元);
i——受灾事件危害的受灾体类型,参照 7.2.2.2 调查的类型;
j——受灾体可能损毁程度等级,参照表 3 取值;
G_{ij}——评价区等 i 类受灾体遭受一定强度灾害危害后发生 j 级破坏的概率(%);
J_{sij}——i 类受灾体发生 j 级破坏情况下的价值损失率(%),参照表 3 取值;
J_i——i 类受灾体平均单价(元);
L_{ij}——i 类受灾体发生 j 级破坏的数量(个)。

8 滑坡应急调查

8.1 应急调查内容

8.1.1 滑坡调查内容主要包括滑坡成因类型调查、滑坡区地质条件调查、滑坡发生过程调查、滑坡体特征调查、灾情险情调查。

8.1.2 滑坡区地质条件调查,包括地层结构、岩性、断裂构造、地貌及其演变、水文地质条件、地震等。

8.1.2.1 调查工程岩组,包括:岩体产状、结构和工程地质性质,并应划分工程岩组类型及其与滑坡灾害的关系,确定软弱夹层和易滑岩组。了解地层层序、地质时代、成因类型,特别是易滑地层的分布、岩性特征和接触关系,以及可能形成滑动带的标志性岩层。

8.1.2.2 确定滑坡区地貌单元的成因形态类型,包括:斜坡形态、类型、结构、坡度,以及悬崖、沟谷、河谷、河漫滩、阶地、沟谷口冲积扇等;微地貌组合特征、相对时代及其演化历史。

8.1.2.3 调查滑带水和地下水情况,泉水出露地点及流量、地表水自然排泄沟渠的分布和断面、湿地的分布和变迁情况等。

8.1.2.4 以资料收集为主,了解区域断裂活动性、活动强度和特征,以及区域地应力、地震活动、地震加速度或基本烈度。分析区域新构造运动、现今构造活动、地震活动以及区域地应力场特征,分析活动构造与滑坡灾害的关系。

8.1.2.5 根据滑坡体的物质组成和结构形式等主要因素,以及滑坡体厚度、运移形式、成因、稳定程度、形成年代和规模等其他因素,可按附录 A.1 对滑坡进行分类。

8.1.3 滑坡发生过程调查

8.1.3.1 通过访问调查滑坡发生的时间和过程,滑坡的变形历史,斜坡、房屋、树木、水渠、道路、坟墓等变形位移及井泉、水塘渗漏或干枯等情况。

8.1.3.2 了解社会经济活动,包括:城市、村镇、乡村、经济开发区、工矿区、自然保护区的经济发展规模、趋势及其与滑坡灾害的关系。

8.1.4 滑坡体特征调查

8.1.4.1 圈定滑坡体边界,应包括滑坡区及其邻近稳定地段,一般包括滑坡后壁外一定距离(滑坡滑动会影响和危害的区域),滑坡体两侧自然沟谷和滑坡舌前缘一定距离或江、河、湖水边。

8.1.4.2 调查滑坡体形态,包括宏观和微观形态两个方面。宏观形态主要包括边界形状,地面坡度与相对高差、沟谷与平台、鼓丘与洼地、阶地与堆积体、河道变迁与冲淤等;微观形态主要为滑坡后壁的位置、产状、高度及其壁面上擦痕方向,滑坡两侧界线的位置与性状;前缘出露位置、形态、临空面特征及剪出情况,后缘洼地、反坡、台坎、前缘鼓胀、侧缘翻边埂等非构造作用引起的坡体前方、侧边出现擦痕面、镜面特征,裂缝、台阶、平台间关系,滑坡体上树木、建筑物形态。

8.1.4.3 调查滑坡体裂缝等变形,主要包括滑坡体及建筑物上各种裂缝的分布、长度、宽度、形状及组合形态;发生的先后顺序、切割关系;裂缝的力学属性,如拉张、剪切、鼓胀裂缝等,藉以作为评价滑坡类型、估算滑动面埋深、进行稳定性判断的依据。

8.1.4.4 调查滑坡的力学特征,查明滑坡运动的距离、运动形式、滑动速度,分析滑坡后缘、滑体可能的发展趋势和威胁范围。

8.1.5 滑坡灾(险)情调查

8.1.5.1 调查已造成的或可能造成的人员伤亡人数和房屋、经济财产等直接经济损失及环境破坏程度的大小,综合评估滑坡灾害灾情。

8.1.5.2 可按附录B.1对滑坡稳定性进行初步判别,划定危险区、影响区及滑坡威胁对象,分析与预测滑坡进一步发生后可能成灾的范围及险情。

8.1.5.3 提出突发滑坡应急处置和防治对策建议。

8.2 滑坡应急调查方法与技术要求

8.2.1 地形测量

8.2.1.1 对于规模较小的滑坡可采用高精度GPS、全站仪和三维激光扫描仪快速获取高精度地形资料。

8.2.1.2 对于地形条件恶劣、危险性和危害性特别大,不易很快进行人工测量或进行地面调查的滑坡,可采用无人机航空摄影测量与遥感的新手段快速获取1:2 000数字高程模型(DEM)、数字正射影像图(DOM)和数字线划地图(DLG),为地面调查提供基础数据。

8.2.1.3 滑坡区平面图测绘比例尺宜在1:1 000~1:2 000之间,滑坡区剖面图测绘比例尺宜在1:500~1:1 000之间,对主要裂缝可专门进行更大比例尺测绘和绘制素描图。

8.2.2 工程地质测绘

8.2.2.1 工程地质测绘主要为确定滑坡发生的地质环境背景、影响因素、规模、评估提供基础资料。

8.2.2.2 测绘范围应包括后缘壁至前缘剪出口及两侧缘壁之间的整个滑坡,并外延到滑坡可能影响的一定范围。

8.2.2.3 岩(土)体工程地质结构特征测绘应明确周边地层、滑床岩(土)体结构;滑坡岩体结构与产状,或堆积体成因及岩性;软硬岩组合与分布、层间错动、风化与卸荷带;黏性土膨胀性、黄土柱状节理以及滑带(面)层位和岩性等。

8.2.2.4 工程地质测绘比例尺应与测绘的地形图比例尺相同,除将滑坡主要要素标记在地形图上外,还应按规定作好详细记录。

8.2.3 山地工程与土工试验

8.2.3.1 在地面调查的基础上,根据需要可布置少量探槽、浅井,初步查明滑坡边界,估算滑坡厚度,并对滑坡体、滑带土取样。

8.2.3.2 运用现场抗剪强度和容重等试验快速查明突发滑坡灾害体岩土的物理力学性质,快速进行滑坡灾害成因和趋势预测。

9 崩塌(危岩)应急调查

9.1 应急调查内容

9.1.1 崩塌灾害调查内容主要包括成因类型调查、危岩体调查、崩塌堆积体调查和崩塌运移斜坡调查。

9.1.1.1 成因与类型调查。

a) 确定崩塌发生的成因类型,包括降雨引发型、地震激发型、自然演化型、冻融渗透型、地下开挖型、切坡卸荷型、工程堆载型、水库浸润型、灌溉渗漏型和爆破振动型。

b) 按附录A.2.1确定崩塌的规模等级。

c) 按附录A.2.2确定崩塌的形成机理及特征进行分类。

9.1.1.2 危岩体调查内容主要包括位置、形态、裂缝展布情况及形成和诱发因素等。

a) 危岩体位置、形态、分布高程、规模,以平面图、剖面图、立面图综合标示。

b) 危岩体所在的地质构造部位、地层岩性、地形地貌、岩(土)体结构类型、斜坡结构类型。

c) 量测各类软弱结构面产状(节理面、层面、裂隙面及卸荷裂隙带等)组合形成的菱形体、楔形体特征及与临空面的关系,并以赤平投影图分析其稳定性。

d) 测绘卸荷裂隙带宽度及分布特征,必要时宜采用槽探工程揭露测量。

e) 测量节理及各类裂隙发育密度;测量危岩体凹腔深度和变化,对比危岩体节理裂隙、卸荷裂隙密度,分析危岩体稳定性。

f) 测量上述裂隙的连通性,张开、闭合、充填特征,综合分析危岩体形成的控制性结构面及影响危岩体稳定性的结构面组合关系。

g) 危岩体崩塌运移斜坡形态、坡度,峡谷区应考虑气垫浮托、折射回弹效应可能性及由此造成的危害。

h) 调查危岩体水文地质、工程地质条件。

i) 危岩体形成时代,危岩体近期发生崩塌次数、时间;小崩小落、平行临空面裂隙加大、凹腔变矮等前兆特征;崩塌方向、运动距离、堆积区、崩塌规模、诱发因素、灾情等。

j) 危岩体形成诱发因素:自然因素有降雨、河流冲刷、地震等;人为因素有崖下硐掘型采矿、放炮引起山体开裂形成危岩体等,应详细调查采空区面积、采高、开采时间、保安矿柱分布等。

k) 初步划定危岩体崩塌可能造成的灾害范围,进行险情的分析与预测。

9.1.1.3 崩塌堆集体调查。

崩塌堆积体调查内容主要包括崩塌堆积体形态、稳定性和危险区范围等。
   a) 崩塌堆积体形态、坡度、岩性结构和物质组成。
   b) 块度、结构、分选、架空情况和密实度。
   c) 植被类型、生长情况、可拦阻作用。
   d) 评价崩塌堆积体稳定性和在后期上方崩塌体冲击荷载作用下的稳定性。
   e) 分析在暴雨等条件下向泥石流提供固体物源的可能性。
   f) 地下水对崩塌堆积体稳定性的影响。
   g) 危险区划定、危害对象调查,为预案编制提供依据。

9.1.1.4 崩塌运移斜坡形态调查内容主要包括崩塌体运移特征、坡面形态和植被情况等。
   a) 崩塌体运移斜坡的形态、地形坡度及变化、对崩落方式的影响、崩落块体运动路线和停止位置及范围。
   b) 崩塌体坡形(外凸坡、平面坡、内凹坡)及其植被类型和生长情况等。

9.1.2 崩塌稳定性按附录 B.2 划分为不稳定、较稳定和稳定三级,并进行稳定性评价和预测。

9.1.3 调查崩塌及崩塌堆积体造成的灾害损失,分析预测危岩体、崩塌堆积体失稳可能造成灾害的影响范围,圈定危险区,确定受威胁对象,预测损失程度。

9.1.4 提出突发崩塌(危岩)应急处置和防治对策建议。

9.2 崩塌应急调查方法与技术要求

9.2.1 崩塌灾害野外调查应采用以实地量测为主的调查方法,应实测代表性剖面,并进行拍照、录像或绘制素描图。

9.2.2 对于规模较小的崩塌可采用高精度 GPS、全站仪和三维激光扫描仪快速获取高精度地形数据;对于地形十分高陡、危险性和危害性特别大,不易很快进行人工测量或进行地面调查的崩塌可采用无人机航空摄影测量与遥感的新手段,快速获取 1:2 000 数字高程模型(DEM)、数字正射影像图(DOM)和数字线划地图(DLG),为地面调查提供基础数据。

9.2.3 威胁县城、集镇和重要公共基础设施且稳定性较差的崩塌,应进行大比例尺工程地质测绘。测绘平面图比例尺宜在 1:500～1:2 000 之间。测绘剖面图比例尺宜在 1:100～1:1 000 之间。对主要裂缝应专门进行更大比例尺测绘和绘制素描图。岩体和崩塌堆积体工程地质测绘主要内容应包括:
   a) 危岩体和崩塌类型、规模、范围,崩塌体的大小和崩落方向。
   b) 岩体质量等级、岩性特征和风化程度。
   c) 地质构造,岩体结构类型,控制性的节理裂隙和结构面的产状、组合关系、闭合程度、力学属性、延展及贯穿情况。
   d) 量测各类软弱结构面产状(节理面、层面、裂隙面及卸荷裂隙带等)组合形成的菱形体、楔形体特征及与临空面的关系,并以赤平投影图分析其稳定性。
   e) 测绘卸荷裂隙带宽度及分布特征,必要时宜采用槽探工程揭露测量。
   f) 测量节理及各类裂隙发育密度;测量危岩体凹腔深度和变化,对比危岩体节理裂隙、卸荷裂隙密度,分析危岩体稳定性。
   g) 测量上述裂隙的连通性、张开、闭合、充填特征,特别还应调查后部垂直裂隙内的冲水痕迹与高度,综合分析危岩体形成的控制性结构面及影响危岩体稳定性的结构面组合关系。

10 泥石流灾害应急调查

10.1 泥石流灾害应急调查内容

10.1.1 调查范围应包括沟谷至分水岭的全部地段和可能受泥石流影响的地段,调查的主要内容包括流域调查、成因调查、特征调查和灾(险)情调查等。

10.1.2 泥石流沟流域调查

10.1.2.1 形成区调查。调查形成区的地势、沟谷发育程度、冲沟切割深度和密度、植被覆盖情况、斜坡稳定性及水土流失情况等。

10.1.2.2 流通区调查。调查流通区的长度、宽度、坡度,沟床切割情况、形态、平剖面变化,沟谷冲、淤均衡坡度,阻塞地段堆积类型,以及跌水、急弯、卡口情况以及冲、淤和堵塞情况等。

10.1.2.3 根据表4对泥石流沟堵塞程度进行评价。

表4 泥石流沟堵塞程度判别表

堵塞程度	特征
严重	沟槽弯曲,河段宽窄不均,卡口、陡坎多;大部分支沟交汇角度大;形成区集中,沟槽堵塞严重,阵流间隔时间长
中等	沟槽较顺直,河段宽窄较均匀、陡坎、卡口不多;主支沟交角多数小于60°。形成区不太集中,河床堵塞情况一般
轻微	沟槽顺直均匀,主支沟交汇角小,基本无卡口,陡坎;形成区分散,阵流间隔时间短而少

10.1.2.4 堆积区调查。调查堆积区面积、厚度、层次、形态、体积、纵横坡度,堆积幅角、扇顶、扇腰及扇线位置、叠置或切割情况,堆积物的物质组成、磨圆程度和颗粒级配等,初步判断堆积扇的发展趋势等。

10.1.2.5 流域地形地貌调查。确定流域内最大地形高差,上、中、下游各沟段沟谷与山脊的平均高差,山坡最大、最小及平均坡度,各种坡度级别所占的面积比率,分析地形地貌与泥石流活动之间的内在联系,确定地貌发育演变历史及泥石流活动的发育阶段。

10.1.2.6 流域岩(土)体调查。重点对泥石流的形成提供松散固体物质来源的易风化软弱层、构造破碎带、第四系的分布状况和岩性特征进行调查,并分析其主要来源区。

10.1.2.7 地质构造调查。确定泥石流沟流域在地质构造图上的位置,重点调查研究新构造对地形地貌、松散固体物质形成和分布的控制作用,阐明与泥石流活动的关系。

10.1.2.8 地震分析。收集历史资料和未来地震活动趋势资料,分析研究可能对泥石流的触发作用。

10.1.2.9 相关的气象水文条件。调查气温及蒸发的年际变化、年内变化以及沿垂直带的变化,降水的年内变化及随高度的变化,最大暴雨强度及年降水量等。调查历次泥石流发生时间、次数、规模大小次序,泥石流泥位标高。

10.1.2.10 调查流域内的人类工程活动,主要调查人类工程活动所产生的固体废弃物(矿山尾矿、工程弃渣、弃土、垃圾)的堆放位置、堆放形式和体积规模等。

10.1.2.11 调查流域内植被分布和土体利用情况,圈定流域内植被严重破坏区、陡坡耕地区等。

10.1.3 泥石流成因调查

10.1.3.1 基本查明泥石流的物源条件,包括物源来源、类型、分布、储量、特征和补给方式等。
10.1.3.2 基本查明泥石流发生的地形地貌条件,包括流域面积、主沟长度、沟床比降、山坡坡度和流域形态等,按附录A.3确定流域地貌发育演化历史及泥石流活动的发育阶段。
10.1.3.3 调查泥石流形成的水动力条件,包括诱发泥石流的暴雨、冰雪融水、水体溃决(水库、冰湖、堰塞湖)等因素,调查流域内降水、山洪的变化特征,尤其是最大暴雨强度及年降水量、暴雨中心位置及山洪引发泥石流的地段。

10.1.4 泥石流特征调查

10.1.4.1 调查泥石流活动历史,包括历次泥石流发生的时间、规模,泥石流泥位标高,确定泥石流发生的规模和频率。
10.1.4.2 调查泥石流的运动过程,测量了解泥石流的动力特征(流速、流量、超高、冲击力等)。
10.1.4.3 调查泥石流的堆积过程和堆积体特征(堆积长度、幅角、体积、物质组成等),估算泥石流的一次最大堆积量。
10.1.4.4 在调查基础上,根据泥石流水源类型、地貌部位、流域形态、物质组成、固体物质提供方式、流体性质、发育阶段、暴发频率和堆积物体积等分类指标,按DZ/T 0261—2014要求对泥石流进行综合分类。
10.1.4.5 采用泥石流沟严重程度数量化表(附录B.3),根据附录B.4对泥石流沟易发程度进行评判。

10.1.5 泥石流灾(险)情调查

10.1.5.1 调查了解历次泥石流残留在沟道中的各种痕迹和堆积范围,采用泥位调查法划定泥石流危险区。对中—低频泥石流,难于采用泥位调查法确定危险区范围时,可按设防的降雨频率雨量,计算泥石流流量和泥位线,并划定危险区范围。
10.1.5.2 调查泥石流危害的对象、危害形式(淤埋和漫流、冲刷和磨蚀、撞击和爬高、堵塞或挤压河道),评估泥石流灾害灾情。
10.1.5.3 按附录B.5的规定进行泥石流发育期判别,分析今后一定时期内泥石流的发展趋势。按表5对泥石流危险区进行预测,评估泥石流险情。

表5 泥石流活动危险区域划分表

危险分区	判别特征
极危险区	1. 泥石流、洪水能直接到达的地区;历史最高泥位或水位线及泛滥线以下地区; 2. 河沟两岸已知的及预测可能发生崩塌、滑坡的地区;有变形迹象的崩坍、滑坡区域内和滑坡前缘可能到达的区域内; 3. 堆积扇挤压大河被堵塞后引发的大河上、下游的可能受灾地区
危险区	1. 最高泥位或水位线以上加堵塞后的雍高水位以下的淹没区,溃坝后泥石流可能到达的地区; 2. 河沟两岸崩塌、滑坡后缘裂隙以上50 m~100 m范围内,或按实地地形确定; 3. 大河因泥石流堵江后在极危险区以外的周边地区仍可能发生灾害的区域
影响区	高于危险区与危险区相邻的地区,不会直接受到泥石流冲击影响,但却有可能间接受到泥石流危害的牵连而发生某些级别灾害的地区
安全区	极危险区、危险区、影响区以外的地区为安全区

10.1.6 泥石流防治情况调查。

10.1.7 提出突发泥石流应急处置和防治对策建议。

10.2 泥石流应急调查方法与技术要求

10.2.1 突发泥石流应急调查可采用地面测量、遥感解译、工程地质测绘与山地工程相结合的方法开展。

10.2.2 地面工程地质测绘按照8.2.2的要求开展，所划分的单元在图上标注的尺寸最小为2 mm，对于小于2 mm的重要单元，可采用扩大比例尺或符号的方法表示。

10.2.3 对重大泥石流灾害宜采用无人机航拍或高分辨率卫星遥感快速获取影像，为泥石流灾情、物源调查提供基础。

10.2.4 工程地质测绘范围应包括全流域和可能受泥石流影响的地段，以沿沟向上追索的方法为主。测绘的比例尺全流域宜采用1∶10 000~1∶50 000，物源区宜采用1∶1 000~1∶5 000，流通及堆积区宜采用1∶500~1∶2 000。流域平面图应详细反映泥石流形成区、流通区、堆积区的分界，显示可能提供松散固体物质的不良物理地质现象的类型、性质、分布规律、位置、范围大小以及物质储备。

10.2.5 在泥石流流域或堆积扇重点地段根据需要可布置一定探坑或探槽等山地工程，以揭露泥石流在形成区、流通区和堆积区不同部位的物质沉积规律和粒度级配变化，了解松散层岩性、结构、厚度和基岩岩性、结构、风化程度等，现场采集具有代表性的土样和泥石流堆积样品。

11 地面塌陷应急调查

11.1 成因与类型确定

11.1.1 确定岩溶塌陷的成因类型，包括岩溶塌陷（暴雨塌陷、洪水塌陷、地震塌陷、重力塌陷等自然塌陷以及坑道排水或突水塌陷、抽汲岩溶地下水塌陷、水库蓄水或引水塌陷、震动或加载塌陷、表水或污水下渗塌陷等人为塌陷）和采空区塌陷。

11.1.2 按附录A.4.1标准评价塌陷坑的规模类型。

11.1.3 按附录A.4.2标准确定塌陷区的规模类型。

11.2 应急调查内容

11.2.1 调查范围应包括塌陷区、潜在威胁区及其相邻地段。

11.2.2 岩溶塌陷调查内容应以区域岩溶环境工程地质条件为基础，重点调查岩溶地面塌陷的发育条件和影响因素，掌握调查工作区内岩溶发育、分布规律及岩溶水环境，基本查明岩溶塌陷的形态、分布、成因、土层厚度与下伏基岩岩溶特征等。

11.2.2.1 岩溶环境工程地质条件调查，包括气象、地形地貌、地层岩性、地质构造和地下水特征等。

    a) 水文气象：全年及多年平均降雨量、月降雨量分配及雨季降雨量特征、一次最大降雨量及暴雨强度等；地表溪河年总径流量及其分配，平均流量和最大流量，洪、枯、平水期水位高程和变幅。

    b) 地形地貌：岩溶发育与所处的地貌部位、水文网、相对高程的关系。

    c) 地层岩性：可溶性岩层和非可溶性岩层的分布和接触关系，可溶性岩层的成分、结构、溶解性，第四系沉积物的成因类型和分布等。

d) 地质构造：地质构造的部位，断裂带的位置、规模、性质，主要节理裂隙的延伸方向，新构造运动的性质和特点。

e) 含水层的类型、特征与分布，地下水流场特征，岩溶水系统的结构与分布，岩溶泉、地下河的出露条件及其流量与水位动态特征。

11.2.2.2 岩溶塌陷形成条件调查，包括形成条件和诱发因素等。

a) 岩溶塌陷的形成条件：岩溶塌陷点的地质结构特征与水动力条件，可溶岩的岩溶层组类型与岩溶发育程度，第四系覆盖层的岩性结构与厚度，各类土的工程地质性状、地下水类型与埋深及其动态特征，岩溶地下水位埋深与基岩面的关系等。

b) 人类活动的影响：城市、村镇、乡村、经济开发区、工矿区等经济发展规模、趋势；抽排水点位置、抽排水过程及抽排水降深与水量、地下水人工流场（如降落漏斗）的范围；水库与引水渠道的渗漏特征等。

11.2.2.3 岩溶塌陷成灾过程与特征调查，包括发展历史、变形特征等。

a) 调查与访问相结合，掌握岩溶塌陷的发育、发生过程及其伴生现象。

b) 通过调查岩溶塌陷现象，测量塌陷体的形态特征和特征数据。

c) 调查本区域岩溶塌陷历史造成的人员伤亡、直接和间接经济损失及社会和环境影响，以往采取的治理措施、治理费用及效果。

11.2.3 采空区地面塌陷调查应在地质环境条件调查的基础上加强矿区基本情况调查，重点调查各种人为因素的作用和影响。

11.2.3.1 采空区地质环境条件调查，包括：气象、地形地貌、地层岩性、地质构造和地下水特征等。

a) 水文气象：采空塌陷区域的多年平均降雨量及雨季降雨量特征，一次最大降雨量及暴雨强度等；地表溪河年总径流量及其分配，平均流量和最大流量，洪、枯、平水期水位高程和变幅。

b) 地形地貌：采空塌陷区所处的天然地貌和微地貌类型特征；地形形态、地形坡度及其变化情况。

c) 地层岩性：沉积层地区应了解岩相变化情况、沉积环境、接触关系，观察层理类型、岩石成分、结构、厚度和产状要素；对矿坑巷道或矿山基坑地段应注意软弱夹层或遇水易软化岩石的稳定性。岩浆岩地区应了解岩浆岩类型、时代、产状、分布，岩石结构，与围岩的接触关系及蚀变特点，岩脉、岩墙的产状、厚度、穿插关系等。变质岩区应调查变质岩的变质类型和变质程度，确定变质岩的产状、原始成分和原有性质，节理、劈理、片理，带状构造、微构造性质等。

d) 地质构造：地质构造的部位，断裂带的位置、类型、规模、产状、性质；新构造运动的性质和特点，尤其是注意新构造运动与地震的关系。

e) 水文地质：调查区的水文地质单元及其特征，地下水类型，主要含水岩组的分布、富水性、透水性、地下水水位、地下水化学特征，地下水补给、径流和排泄条件，地下水与地表水之间的关系等；采矿活动影响到的地下含水层类型、矿坑充水水源和充水途径、矿坑排水量、地下水位下降幅度、被疏干的含水层面积、含水层遭受影响的区域面积、影响对象等。

f) 工程地质：调查区的岩体结构及风化特征、岩体强度及形变特征、岩体抗风化及易溶蚀性特征；土体岩性类型及结构特征等。

11.2.3.2 矿区基本情况调查，包括：采空区开采和巷道特征、周边水文特征和监测情况等。

a) 采空区和巷道的具体位置、大小、埋藏深度、开采时间和回填塌落、充水等情况。

b) 矿层的分布、层数、厚度、深度、埋藏特征和开采层的岩性、结构等。
c) 矿层开采的深度、厚度、时间、采掘类型(矿坑、隧道等)、施工工艺、顶板支撑及采空区的塌落、密实程度、空隙和积水等。
d) 采空区支护与填充情况、形成时间、工程掘进过程中的冒顶等坑(硐)内变形情况。
e) 矿山附近抽排水情况及对采空区稳定的影响。
f) 矿山监测情况等。

11.2.3.3 采空塌陷特征调查,包括地表变形特征和分布规律等。

a) 调查地表变形特征和分布规律,包括地表塌陷坑、台阶、裂缝等的位置、形状、大小、深度、延伸方向及其与地质构造、开采边界、工作面推进方面等的关系,确定地表移动和变形的特征值。
b) 地表移动盆地的特征,划分中间区、内边缘和外边缘区,确定地表移动和变形的特征值。
c) 搜集建筑物变形及其处理措施等。

11.2.4 地面塌陷灾(险)情调查

11.2.4.1 调查核实地面塌陷灾害危害的对象和范围、造成的损失情况,统计记录人员伤亡及财产损失的数量、毁坏程度,确定灾情。

11.2.4.2 评价地面塌陷的发展趋势,分析与预测地面塌陷进一步发生后可能成灾范围,划定危险区、影响区及威胁对象,评估险情。

11.2.4.3 提出突发地面塌陷应急处置和防治对策建议。

11.3 应急调查方法与技术要求

11.3.1 地面塌陷调查应在收集相关资料的基础上,以实地调查与工程地质测绘为主。

11.3.2 资料收集主要包括塌陷区和采空区地形、地质、水文、变形或开采资料等。

11.3.2.1 针对岩溶塌陷,应尽量全面而详实地收集有关岩溶塌陷形成、发展和成灾的区域背景资料以及附近的各项有关资料,包括:地形图、航卫片;地质、水文地质及工程地质资料;地下水长期观测的动态资料;气候和水文资料;已有的塌陷坑分布及已有的防治资料;人类工程与经济活动资料等。

11.3.2.2 针对采空塌陷,应充分收集矿山地质资料和矿山开采情况资料。包括:矿层的分布、层数、厚度、深度、埋藏特征和开采层的上覆岩层的岩性、构造等;矿层开采范围、深度、厚度、时间、方法和顶板管理方法,巷道位置、大小以及采空区的塌落、密实程度、空隙和积水情况;矿山的开采边界、工作面推进方向;采空区附近的抽水和排水情况等。

11.3.3 工程地质测量的内容主要包括塌陷和采空区地质背景、变形特征和诱发因素等。

11.3.3.1 测绘比例尺1:1 000~1:10 000,实测地质体的最小宽度一般应为相应图上的2 mm,对于重要的地质现象可放大表示。

11.3.3.2 工程地质测量主要任务是查明塌陷区地质环境条件及塌陷发生发展的基本规律。

11.3.3.3 工程地质测量范围应包括地面塌陷现象分布及影响的全部区域,以及塌陷发生的动力因素影响的范围。

11.3.3.4 工程地质测量路线宜采用穿越法,对重要地质现象可辅以追索法。在露头不良的平坦地区可采用网格布点法。

11.3.3.5 工程地质测量应充分利用天然和已有的人工露头,对岩溶塌陷点、岩溶泉、地下河出口以及采空塌陷点、矿井口(主井、副井、风井)、抽水井、排水坑道等位置进行调查。

12 应急处置与防治建议

12.1 地质灾害应急预案编制

12.1.1 承担突发地质灾害应急调查的专业地质队伍,应结合应急调查、评价结果,对还存在险情隐患或可能伴随着次生灾害的灾害点,及时协助地方政府按地质灾害点编制突发地质灾害应急预案(防灾预案)。

12.1.2 按地质灾害点编制突发地质灾害应急预案应当明确突发地质灾害所处的位置(行政区位置和地理坐标)、类型、规模、主要特征、触发因素和临灾特征等,划定地质灾害危险区范围,进行危险性评估,提出具体的监测方案、预防意见、预防措施等防治对策建议。

12.2 应急处置

12.2.1 承担突发地质灾害应急调查的专业地质队伍,应结合应急调查结果,评判地质灾害发展趋势,对还存在险情隐患或可能伴随着次生灾害的灾害点,及时提出地质灾害应急处置建议。

12.2.2 突发地质灾害应急处置的提出应遵照以人为本、预防为主的原则,最大限度地减少突发地质灾害造成的损失,把保障人民群众的生命、财产安全作为突发地质灾害应急处置的出发点和落脚点。

12.2.3 承担突发地质灾害应急调查的专业地质队伍,应及时向政府通报突发地质灾害调查结论和灾(险)情。对存在重大险情的突发地质灾害隐患,及时提出群众转移、避灾疏散;采取应急措施,排除险情等应急处置建议,防止灾害进一步扩大,避免抢险救灾可能造成的二次人员伤亡。

12.2.4 任何参加突发地质灾害应急调查的专业地质队伍和个人,须在政府的统一领导下开展应急处置工作,不得随意发布灾害处置信息。

12.3 应急处置建议

12.3.1 承担突发地质灾害应急调查的专业地质队伍,应结合应急调查、评价结果,除提出应急处置建议外,进一步根据地质灾害的基本特征、危害程度、稳定性、影响因素和发展趋势,提出全面的地质灾害防治对策及建议,为地方政府防灾减灾决策提供科学依据。

12.3.2 地质灾害防治对策及建议应遵照以人为本、预防为主的原则,全面结合地方政府的需求和发展规划,经济可行,针对性强。

13 应急调查成果编制

13.1 基本要求

13.1.1 应急调查成果应包括应急调查报告、图件和其他附件。

13.1.2 应急调查成果编制应突出针对性和实用性。

13.1.3 应急调查成果应以纸质和数字两种形式表示,内容须一致。

13.2 应急调查报告编制

13.2.1 应急调查报告应充分利用已有资料、全面反映应急调查所取得的成果和认识。

13.2.2 应急调查报告应做到内容简明扼要,要素齐全,重点突出,论据充分,结论明确,建议针对性和可操作性强。

13.2.3 应急调查报告编写提纲和主要内容可参照附录F执行。

13.3 附图附件编制

13.3.1 应急调查附图附件根据不同灾害类型、规模和应急调查技术方法存在差异。

13.3.2 附图主要包括工程地质平面图、工程地质剖面图、实际材料图、遥感影像图或无人机航拍图等。

13.3.3 应急调查附图宜根据地质灾害类型、规模、分布等具体情况选择相应合适的比例尺进行编制。

13.3.4 图件内容、要素应齐全、规范,内容清晰,能直观反映突发地质灾害的发育分布周界、灾害体变形特征、运动运移路径、危害和威胁对象、危险区和影响区范围以及地形地貌、地层岩性、地质构造等地质环境条件。

13.3.5 附件主要包括勘查报告、防灾预案表、现场影像资料、日报、简报、防灾预案表和现场收发的文件资料等。

13.4 资料归档

13.4.1 突发地质灾害应急调查工作资料归档应参照科技档案管理规定执行。

13.4.2 归档内容主要包括报告及附图附件、日报、简报、野外调表(记录本)、防灾预案建议表、照片集等。

附 录 A
（资料性附录）
地质灾害分类表

A.1 滑坡分类

根据滑坡体的物质组成和结构形式等主要因素，以及滑坡体厚度、运移形式、成因、稳定程度、形成年代和规模等其他因素，可按表 A.1 对滑坡进行分类。

表 A.1 滑坡分类表

类型		名称	特征
物质和结构因素	堆积层（土质）滑坡	滑坡堆积体滑坡	由前期滑坡形成的块碎石堆积体，沿下伏基岩或体内滑动
		崩塌堆积体滑坡	由前期崩塌等形成的块碎石堆积体，沿下伏基岩或体内滑动
		崩滑堆积体滑坡	由前期崩滑等形成的块碎石堆积体，沿下伏基岩或体内滑动
		黄土滑坡	由黄土构成，大多发生在黄土体中，或沿下伏基岩面滑动
		黏土滑坡	由具有特殊性质的黏土构成，如昔格达组、成都黏土等
		残坡积层滑坡	由基岩风化壳、残坡积土等构成，通常为浅表层滑动
		人工填土滑坡	由人工开挖堆填弃渣构成，次生滑坡
	岩质滑坡	近水平层状滑坡	由基岩构成，沿缓倾岩层或裂隙滑动，滑动面倾角≤10°
		顺层滑坡	由基岩构成，沿顺坡岩层滑动
		切层滑坡	由基岩构成，常沿倾向山外的软弱面滑动。滑动面与岩层层面相切，且滑动面倾角大于岩层倾角
		逆层滑坡	由基岩构成，沿倾向坡外的软弱面滑动，岩层倾向山内，滑动面与岩层层面相反
		楔体滑坡	在花岗岩、厚层灰岩等整体结构岩体中，沿多组弱面切割成的楔形体滑动
	变形体	危岩体	由基岩构成，受多组软弱面控制，存在潜在崩滑面，已发生局部变形破坏
		堆积层变形体	由堆积体构成，以蠕滑变形为主，滑动面不明显
其他因素	滑体厚度	浅层滑坡	滑坡体厚度在 10 m 以内
		中层滑坡	滑坡体厚度在 10 m～25m 之间
		深层滑坡	滑坡体厚度在 25 m～50 m 之间
		超深层滑坡	滑坡体厚度超过 50 m
	运动形式	推移式滑坡	上部岩层滑动，挤压下部产生变形，滑动速度较快，滑体表面波状起伏，多见于有堆积物分布的斜坡地段
		牵引式滑坡	下部先滑，使上部失去支撑而变形滑动。一般速度较慢，多具上小下大的塔式外貌，横向张性裂隙发育，表面多呈阶梯状或陡坎状
	发生原因	工程滑坡	由施工或加载等人类工程活动引起的滑坡。还可细分为： 1. 工程新滑坡：由于开挖坡体或建筑物加载所形成的滑坡； 2. 工程复活古滑坡：原已存在的滑坡，由于工程扰动引起复活的滑坡
		自然滑坡	由于自然地质作用产生的滑坡，按其发生的相对时代可分为古滑坡、老滑坡、新滑坡

表 A.1 滑坡分类表(续)

类型		名称	特征
其他因素	现今稳定程度	活动滑坡	发生后仍继续活动的滑坡；后壁及两侧有新鲜擦痕,滑体内有开裂、鼓起或前缘有挤出等变形迹象
		不活动滑坡	发生后已停止发展,一般情况下不可能重新活动,坡体上植被较盛,常有老建筑
	发生年代	新滑坡	现今正在发生滑动的滑坡
		老滑坡	全新世以来发生滑动,现今整体稳定的滑坡
		古滑坡	全新世以前发生滑动,现今整体稳定的滑坡
	滑体体积	小型滑坡	$<10\times10^4$ m³
		中型滑坡	10×10^4 m³ ~ 100×10^4 m³
		大型滑坡	100×10^4 m³ ~ $1\ 000\times10^4$ m³
		特大型滑坡	$1\ 000\times10^4$ m³ ~ $10\ 000\times10^4$ m³
		巨型滑坡	$\geq10\ 000\times10^4$ m³

A.2 崩塌分类

崩塌的分类应符合下列规定。

A.2.1 崩塌规模等级划分

表 A.2 崩塌规模等级

等级	巨型	特大型	大型	中型	小型
体积 $V/(\times10^4$ m³$)$	$V\geq1\ 000$	$1\ 000>V\geq100$	$100>V\geq10$	$10>V\geq1$	$V<1$

A.2.2 崩塌形成机理分类

表 A.3 崩塌形成机理分类及特征

类型	岩性	结构面	地形	受力状态	起始运动形式
倾倒式崩塌	黄土、直立或陡倾坡内的岩层	多为垂直节理、陡倾坡内一直立层面	峡谷、直立岸坡、悬崖	主要受倾覆力矩作用	倾倒
滑移式崩塌	多为软硬相间的岩层	有倾向临空面的结构面	陡坡通常大于55°	滑移面主要受剪切力	滑移
鼓胀式崩塌	黄土、黏土、坚硬岩层下伏软弱岩层	上部垂直节理,下部为近水平的结构面	陡坡	下部软岩受垂直挤压	鼓胀伴有下沉、滑移、倾斜
拉裂式崩塌	多见于软硬相间的岩层	多为风化裂隙和重力拉张裂隙	上部突出的悬崖	拉张	拉裂
错断式崩塌	坚硬岩层、黄土	垂直裂隙发育,通常无倾向临空面的结构面	大于45°的陡坡	自重引起的剪切力	错落

A.3 泥石流分类

表A.4 泥石流分类

分类指标	分类	特征
水源类型	暴雨性泥石流	由暴雨因素激发形成的泥石流
	溃决型泥石流	由水库、湖泊等溃决因素激发形成的泥石流
	冰雪融水型泥石流	由冰、雪消融水流激发形成的泥石流
	泉水型泥石流	由泉水因素激发形成的泥石流
地貌部位	山区泥石流	峡谷地形,坡陡势猛,破坏性大
	山前区泥石流	宽谷地形,沟长坡缓势较弱,危害范围大
流域形态	沟谷型泥石流	流域呈扇形或狭长条形,沟谷地形,沟长坡缓,规模大,一般能划分出泥石流的形成区、流通区和堆积区
	山坡型泥石流	流域呈斗状,无明显流通区,形成区与堆积区直接相连,沟短坡陡,规模小
物质组成	泥流	由细粒径土组成,偶夹砂砾,黏度大,颗粒均匀
	泥石流	由土、砂、石混杂组成,颗粒差异较大
	水石流	由砂、石组成,粒径大,堆积物分选性强
固体物质提供方式	滑坡泥石流	固体物质主要由滑坡堆积物组成
	崩塌泥石流	固体物质主要由崩塌堆积物组成
	沟床侵蚀泥石流	固体物质主要由沟床堆积物侵蚀提供
	坡面侵蚀泥石流	固体物质主要由坡面或冲沟侵蚀提供
流体性质	黏性泥石流	层流,有阵流,浓度大,破坏力强,堆积物分选性差
	稀性泥石流	紊流,散流,浓度小,破坏力较弱,堆积物分选性强
发育阶段	发育期泥石流	山体破碎不稳,日益发展,淤积速度递增,规模小
	旺盛期泥石流	沟坡极不稳定,淤积速度稳定,规模大
	衰败期泥石流	沟坡趋于稳定,以河床侵蚀为主,有淤有冲,由淤转冲
	停歇期泥石流	沟坡稳定,植被恢复,冲刷为主,沟槽稳定
暴发频率(n)	极高频泥石流	$n \geq 10$ 次/年
	高频泥石流	1 次/年 $\leq n <$ 10 次/年
	中频泥石流	0.1 次/年 $\leq n <$ 1 次/年
	低频泥石流	0.01 次/年 $\leq n <$ 0.1 次/年
	间歇性泥石流	0.001 次/年 $\leq n <$ 0.01 次/年
	老泥石流	0.0001 次/年 $\leq n <$ 0.001 次/年
	古泥石流	$n <$ 0.0001 次/年
堆积物体积(V)	特大型泥石流	$V > 50 \times 10^4$ m³
	大型泥石流	20×10^4 m³ $\leq V \leq 50 \times 10^4$ m³
	中型泥石流	2×10^4 m³ $\leq V < 20 \times 10^4$ m³
	小型泥石流	$V < 2 \times 10^4$ m³

A.4 塌陷分类

塌陷的分类应符合下列规定。

A.4.1 塌陷坑的规模分类

表 A.5 塌陷坑规模类型划分标准

塌陷坑大小	塌陷坑直径 D/m
巨型塌陷	$D \geqslant 50$
特大型塌陷	$20 \leqslant D < 50$
大型塌陷	$10 \leqslant D < 20$
中型塌陷	$5 \leqslant D < 10$
小型塌陷	$D < 5$

A.4.2 塌陷区的规模分类

表 A.6 塌陷区规模类型划分标准

类型	塌陷变形面积 S/km²
巨型	$S \geqslant 10$
大型	$1 \leqslant S < 10$
中型	$0.1 \leqslant S < 1$
小型	$S < 0.1$

附 录 B
（资料性附录）
地质灾害判别表

B.1 滑坡稳定性野外判别

表 B.1 滑坡稳定性野外判别依据

滑坡要素	不稳定	较稳定	稳定
滑坡前缘	滑坡前缘临空，坡度较陡且常处于地表径流的冲刷之下，有发展趋势并有季节性泉水出露，岩土潮湿、饱水	前缘临空，有间断季节性地表径流流经，岩土体较湿，斜坡坡度在30°～45°之间	前缘斜坡较缓，临空高差小，无地表径流流经和继续变形的迹象，岩土体干燥
滑体	滑体平均坡度>40°，坡面上有多条新发展的滑坡裂缝，其上建筑物、植被有新的变形迹象	滑体平均坡度在25°～40°之间，坡面上局部有小的裂缝，其上建筑物、植被无新的变形迹象	滑体平均坡度<25°，坡面上无裂缝发展，其上建筑物、植被未有新的变形迹象
滑坡后缘	后缘壁上可见擦痕或有明显位移迹象，后缘有裂缝发育	后缘有断续的小裂缝发育，后缘壁上有不明显变形迹象	后缘壁上无擦痕和明显位移迹象，原有的裂缝已被充填

B.2 崩塌稳定性野外判别

表 B.2 崩塌稳定性野外判别依据

斜坡要素	不稳定	较稳定	稳定
坡角	临空，坡度较陡且常处于地表径流的冲刷之下，有发展趋势，并有季节性泉水出露，岩土潮湿、饱水	临空，有间断季节性地表径流流经，岩土体较湿	斜坡较缓，临空高差小，无地表径流流经和继续变形的迹象，岩土体干燥
坡体	坡面上有多条新发展的裂缝，其上建筑物、植被有新的变形迹象，裂隙发育或存在易滑软弱结构面	坡面上局部有小的裂缝，其上建筑物、植被无新的变形迹象，裂隙较发育或存在软弱结构面	坡面上无裂缝发展，其上建筑物、植被没有新的变形迹象，裂隙不发育，不存在软弱结构面
坡肩	可见裂缝或明显位移迹象，有积水或存在积水地形	有小裂缝，无明显变形迹象，存在积水地形	无位移迹象，无积水，也不存在积水地形
岩层	中等倾角顺向坡，前缘临空。反向层状碎裂结构岩体	碎裂岩体结构，软硬岩层相间。斜倾视向变形岩体	逆向和平缓岩层，层状块体结构
地下水	裂隙水和岩溶水发育。具多层含水层	裂隙发育，地下水排泄条件好	隔水性好，无富水地层

B.3 泥石流易发程度数量化

表 B.3 泥石流沟严重程度(易发程度)数量化表

序号	影响因素	权重	量级划分							
			严重(A)	得分	中等(B)	得分	较微(C)	得分	一般(D)	得分
1	崩塌、滑坡及水土流失(自然和人为活动的)严重程度	0.159	崩塌、滑坡等重力侵蚀严重,多层滑坡和大型崩塌,表土疏松、冲沟十分发育	21	崩塌、滑坡发育,多层滑坡和中小型崩塌,有零星植被覆盖冲沟发育	16	有零星崩塌、滑坡和冲沟存在	12	无崩塌、滑坡、冲沟或发育轻微	1
2	泥沙沿程补给长度比/%	0.118	>60	16	60～30	12	30～10	8	<10	1
3	沟口泥石流堆积活动程度	0.108	河形弯曲或堵塞,大河主流受挤压偏移	14	河流无较大变化,仅大河主流受迫偏移	11	河形无变化,大河主流在高水偏,低水不偏	7	无河形变化,主流不偏	1
4	河沟纵坡/(°,‰)	0.090	(>12,213)	12	(12～6,213～105)	9	(6～3,105～52)	6	(<3,32)	1
5	区域构造影响程度	0.075	强抬升区,6级以上地震区,断层破碎带	9	抬升区,4～6级地震区,有中小支断层或无断层	7	相对稳定区,4级以下地震区,有小断层	5	沉降区,构造影响小	1
6	流域植被覆盖率/%	0.067	<10	9	10～30	7	30～60	5	>60	1
7	河沟近期一次变幅/m	0.062	2	8	2～1	6	1～0.2	4	0.2	1
8	岩性影响	0.054	软岩、黄土	6	软硬相间	5	风化强烈和节理发育的硬岩	4	硬岩	1
9	沿沟松散物储量/(×10⁴ m³/km²)	0.054	>10	6	10～5	5	5～1	4	<1	1
10	沟岸山坡坡度/(°,‰)	0.045	(>32,625)	6	(32～25,625～466)	5	(25～15,466～286)	4	(<15,268)	1
11	产沙区沟槽横断面	0.036	"V"形谷、"U"形谷、谷中谷	5	宽"U"形谷	4	复式断面	3	平坦型	1
12	产沙区松散物平均厚度/m	0.036	>10	5	10～5	4	5～1	3	<1	1
13	流域面积/km²	0.036	0.2～5	5	5～10	4	0.2以下,10～100	3	>100	1
14	流域相对高差/m	0.030	>500	4	500～300	3	300～100	2	<100	1
15	河沟堵塞程度	0.030	严重	4	中等	3	轻微	2	无	1

B.4 泥石流沟易发程度判别

表 B.4 泥石流沟易发程度数量化综合评判等级标准表

是与非的判别界限值		划分易发程度等级的界限值	
等级	标准得分 N 的范围	等级	按标准得分 N 的范围评判
是	44～130	极易发	116～130
		易发	87～115
		轻度易发	44～86
非	15～43	不易发生	15～43

B.5 泥石流灾害分期判别

表 B.5 泥石流灾害分期

发育阶段	发展期	活跃期	衰退期	停歇期
形态特征	山坡以凸型为主，形成区分散，并见逐步扩大，流通区较短，扇面新鲜，淤积较快	山坡从凸型坡转为凹型坡，沟槽堆积和堵塞现象严重，形成区扩大，流通区向上延伸，扇面新鲜，漫流现象严重	山坡以凹型为主，形成区减少，流通区向上延伸，沟槽逐渐下切，扇面陈旧，生长植物，植被较好	全沟下切，沟槽稳定，形成区基本消失，逐渐变为普通洪流，植被良好
山坡块体运动	发展明显，多见新生沟谷，有少量滑坡、崩塌等	严重发育，供给物主要来自崩塌、滑坡、错落等，片蚀、侧蚀也很发育	明显衰退，坍塌渐趋稳定，以沟槽搬运及侧蚀供给为主	山坡块体运动基本消失
塌方面积率/%	1～10	≥10	10～1	<1
单位面积固体物质储量/×10⁴ m³	1～10	≥10	10～1	<1
充淤性质与趋势	以淤为主，淤积速度增快	以淤为主，淤积值大	有冲有淤，淤积速度减小	冲刷下切
危害程度	较大	最大	较大	小

附　录　C
（规范性附录）
突发地质灾害应急调查基本情况表

突发地质灾害名称		发生时间	地理位置						坐标	
			省	市	县	乡	村	组	经度	纬度

灾害点性质		规模		成因		灾情				
新发生点	原有灾点	体积/×10⁴ m³	等级	自然	人为	死亡人数	失踪人数	受伤人数	财产损失	灾情等级

稳定性现状	演变趋势	险情					
		威胁对象	威胁范围	威胁户数	威胁人口	威胁财产	险情等级

防治现状				应急处置对策			应急搬迁建议			
工程类型	修建时间	防治效果	工程现状	应急工程	紧急程度	费用估算	应急搬迁	搬迁户数	搬迁人数	搬迁位置	搬迁费用

（注：上表"应急搬迁建议"下包含搬迁户数、搬迁人数、搬迁位置、搬迁费用）

综合防治建议							
工程治理		监测预警		群测群防			
工程措施	费用估算	监测方法	费用估算	监测人	电话	责任人	电话

备注：					
应急调查单位		填表人		应急调查负责人	

附 录 D
（资料性附录）
突发地质灾害应急调查日报表

_____省_____市(州)_____县(区)_____乡_____村
_____灾害(隐患)应急调查日报表

调查单位	
联系人	联系电话
报送时间	年　　　月　　　日　　　点
调查人员	
调查区域或地点	
应急调查或应急处置工作进展	
监测结果及发展趋势分析	
灾情与险情	
临时避险场地及安置区地质灾害危险性评估情况	
应急处置建议	
备　注	

应急调查组负责人(签字)　　　　　　　　　　　　　　　　　　年　　月　　日

附 录 E
（资料性附录）
突发地质灾害应急调查简报提纲

一、概况

主要论述地质灾害险情或灾情出现的地点、时间、灾害类型、规模。

二、灾情与险情

对已发生的突发地质灾害应对伤亡和失踪的人数以及造成的直接经济损失情况进行论述；对出现险情的突发地质灾害隐患应对威胁对象、威胁财产情况进行详细描述。

三、成因和发展趋势

通过现场调查，初步判断地质灾害（隐患）形成条件（地形地貌、地质构造、地层岩性等）和诱发因素（降雨、地震）等，并进行发展趋势分析。

四、结论与建议

通过应急技术单位和专家组讨论得出结论，并提出初步应急处置建议。

附 录 F
（资料性附录）
突发地质灾害应急调查报告提纲

第一章　序言

(1)突发地质灾害应急调查的任务来源，任务的主要内容和要求。

(2)突发地质灾害的时间、地点、类型。

(3)突发地质灾害灾情、险情概况。

(4)应急调查承担、参加单位及人员，应急调查时间、应急调查工作方法与主要工作内容。

第二章　地质背景条件

(1)突发地质灾害所处的自然地理、水文气象、自然景观、交通运输、人类工程活动以及社会经济情况等。

(2)突发地质灾害所在区域地形地貌、地层岩性、地质构造、新构造运动与地震、水文地质、外动力地质现象及其发育规律。

第三章　突发地质灾害特征

(1)基本特征：阐明地质灾害类型、分布形态（平面形态、纵向形态、平面示意图）、边界条件（边界控制条件依据，已经变形范围、潜在影响范围）、规模［已变形规模和潜在规模，长、宽、高（深、厚）、面积、体积］、物质组成（典型剖面示意图）、反映地质灾害全貌和主要特征的现场照片。

(2)变形特征：调查地质灾害变形形式、分布和特征（典型照片），访问其变形首发时间、历史和特征，被访问人姓名等。

(3)危害特征：地质灾害危害程度应明确已经造成人员伤亡和直接经济损失，直接经济损失应说明受损对象、损坏程度、估算金额。还应根据灾害发展趋势所确定的影响范围，计算可能造成的潜在危害（人口、房屋、土地和金额等），根据灾害造成或可能造成的损失大小确定灾害级别。

第四章　突发地质灾害成因与形成机理

(1)根据现场调查结果阐述地质灾害发生的影响因素。

(2)根据调查结果综合分析地质灾害成因和形成机理。

第五章　突发地质灾害评价与防治对策建议

(1)稳定状态评价：对地质灾害稳定性现状进行分析评价。

(2)发展趋势分析：根据地质灾害的成因和主要影响因素变化态势，预测分析其继续活动与产生次生灾害的可能性和破坏模式及影响范围。

(3)划定地质灾害影响区、危险区。

(4)突发地质灾害应急措施。

(5)综合防治对策建议。

第六章　结语

(1)突发地质灾害调查取得的主要认识与结论。

(2)应急调查中所用新技术、新方法与经验总结。

(3)存在的问题与讨论等。